www.ingramcontent.com/pod-product-compliance
Lightning Source LLC
Chambersburg PA
CBHW080915170526
45158CB00008B/2113
9781304249043